The secret lives of Animals

别笑！
我的技能
很正经

〔英〕格雷格·迈克劳德（Greg McLeod） 绘

〔英〕莉兹·马文（Liz Marvin） 著

王诗同 译

中国出版集团

中译出版社

图书在版编目（CIP）数据

别笑！我的技能很正经 / (英) 格雷格·迈克劳德
(Greg McLeod) 绘；(英) 莉兹·马文 (Liz Marvin) 著；
王诗同译. -- 北京：中译出版社，2022.5

书名原文：The Secret Lives of Animals

ISBN 978-7-5001-7057-0

Ⅰ. ①别… Ⅱ. ①格… ②莉… ③王… Ⅲ. ①动物—
普及读物 Ⅳ. ①Q95-49

中国版本图书馆CIP数据核字(2022)第049857号

版权登记号：01-2022-1228

出版发行　中译出版社
地　　址　北京市西城区新街口外大街 28 号普天德胜大厦主楼 4 层
电　　话　（010）68359373, 68359827（发行部）68359725（编辑部）
邮　　编　100088
电子邮箱　book@ctph.com.cn
网　　址　http://www.ctph.com.cn

出 版 人　乔卫兵
总 策 划　刘永淳
策划编辑　范祥镇　李倩男
责任编辑　范祥镇　李倩男
版权支持　马燕琦　王立萌　王少甫
封面设计　潘　峰
营销编辑　吴雪峰　杨佳特

印　　刷　北京盛通印刷股份有限公司
经　　销　新华书店
规　　格　880 毫米 × 1230 毫米　1/32
印　　张　4
字　　数　11 千字
版　　次　2022 年 5 月第一版
印　　次　2022 年 5 月第一次

ISBN 978-7-5001-7057-0　　定价：55.00 元

目 录

浣熊

p.3

长颈鹿

p.4

巨嘴鸟

p.6

大熊猫

p.8

猫鼬

p.10

海鹦

p.12

海獭

p.14

边境牧羊犬

p.16

蜜熊

p.18

壁虎

p.20

小熊猫

p.22

犰狳

p.24

鹦鹉

p.26

袋熊

p.28

海狮

p.30

座头鲸

p.32

水豚

p.34

树袋熊

p.36

变色龙

p.38

老虎

p.40

蝙蝠

p.42

章鱼

p.44

科莫多巨蜥

p.46

球蟒

p.48

大猩猩

p.50

松鼠

p.52

扳机鱼

p.54

蝙蝠鱼

p.56

黑猩猩

p.58

鸭嘴兽

p.60

老鼠

p.62

大象

p.64

鳄鱼

p.66

巴布亚企鹅

p.68

袋鼠

p.70

亚马逊河豚

p.72

狼

p.74

火烈鸟

p.76

骆驼

p.78

河狸

p.80

狐狸
p.82

貘
p.84

蜂鸟
p.86

狮子
p.88

穴小鸮
p.90

狼獾
p.92

锯鳐
p.94

北极熊
p.97

独角鲸
p.98

绿尾地鸲
p.100

马来熊
p.102

鬃狮蜥
p.104

虎鲸
p.106

迷彩箭毒蛙
p.108

缅甸金丝猴
p.110

山羊
p.112

橡树啄木鸟
p.114

树懒
p.116

乌鸦
p.118

马
p.120

前　言

　　动物朋友们总能做出一些令人颇感惊讶的事。虽然我们大多知道狐狸很狡猾、海豚很聪慧，但你知道袋熊有哪些不为人知的天赋吗？你有没有想过，犰狳除了看上去像个自行车充气头盔，还暗藏着一手绝技？

　　知道巨嘴鸟会用什么方法吸引配偶吗？知道树懒的特长是什么吗？知道马有什么秘密吗？从亚马逊雨林到极地冰盖，从澳洲的荒野到大洋的海床，大自然中上演着许许多多的奇事，远远超出了我们的认知。

　　不管是为了保护家园，免受不速之客的侵扰，还是打算戏耍窥觑自己晚餐的对手，抑或是防止自己变成一顿晚餐，我们这颗星球上那些长着绒毛、羽毛或鳞片的居民们，都学会了使出各种巧妙的花招，以及令人称奇的杂耍技能。从企鹅到蟒蛇，从猫头鹰到章鱼，从壁虎到山羊……读了这本书，你就能知道动物们更多惊人的技能，从全新的角度，看到这些动物的有趣形象。你会发现，很多动物远比我们认为的更聪明，更狡黠……

浣熊

要说有哪种动物，一出生就穿着符合自己个性的衣服，那一定是浣熊了。人们发现，这些戴着面具的小贼很擅长溜门撬锁，还能记住各种复杂谜题的解法。当它们终于犯罪被抓，那条带着条纹的尾巴就是它们最合适的囚服。

长颈鹿

长长的脖子可以：吃高处的晚餐、欣赏风景、打架（这是真的！）. 不太适合做的事：喝水。只有一种姿势能让长颈鹿喝到水 —— 叉开前腿，高高地撅起屁股。这个姿势太尴尬了，所以长颈鹿每过几天才喝一次水 …… 还可能是在四下无人的时候。

巨嘴鸟

巨嘴鸟会在求偶仪式上向对方赠送礼物。它们会来来回回地把水果扔到对方的喙上。所以，如果你是一位巨嘴鸟姑娘，又被迎面砸了一坨番石榴，那么很显然——爱情游戏开始了。

大熊猫

也许有人觉得大熊猫很懒情,但它们认为这都怪 …… 竹子和低温。它们最喜欢的这种食物卡路里很低,所以它们行动缓慢,以此来节省能量。也有例外:在做气味标记的时候,为了尿在树木尽可能高的位置,它们会一本正经地做出与平时个性不太一样的倒立动作 —— 像在演杂技。

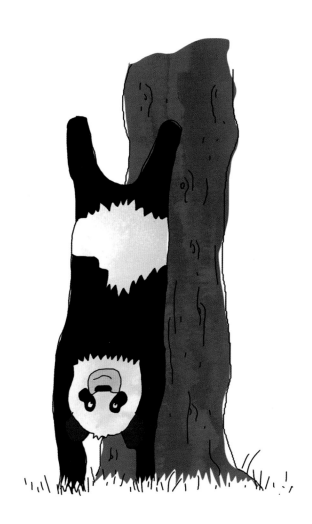

猫鼬曲

这种追求集体幸福的动物，形成了无与伦比的协作式工作关系。它们生活在隧道构成的地下网络中，共同护理幼崽，轮流望风；它们成群结伙地出动，共同捕猎。这些不足半米高的猫鼬们站成毛茸茸的一排时，"猫鼬黑帮"看上去也不是很可怕。但它们齐心协力起来，甚至能打"跑"敢来找麻烦的蛇。

海鹦鸟

这些海雀科的小家伙，一生中的
大部分时间都在海上。它们来到
岸上繁殖时总会追求一些物质

上的享受。它们会挑选温暖而舒适的岩洞来筑巢，甚至专门留出地方作为独立卫生间。

海獭

这些傍水而居的鼬科小可爱
不仅是游泳健将,还是聪明的
收集者和技艺高超的杂技演员:
它们能同时拿着两到三块鹅
卵石玩耍,甚至闭着眼睛也
能做到。它们对石头的爱不止
于此 —— 人们发现,有的海獭
会一辈子随身携带同一块石头。

边境牧羊犬

除了给人留下印象深刻的牧羊技巧，这些超级聪明的犬科动物还能理解上百种指令，完成各种复杂任务，甚至可以挑战吉尼斯世界纪录。有一只名叫"前锋"的边境牧羊犬，主人为了考验它的本领，命令它尽快摇下汽车车窗。而"前锋"只花了11.34秒就摇下了车窗——差点儿就自己去商店买狗粮了。[1]

---

1 2004年，一只叫"前锋"的边境牧羊犬打破了世界纪录，成为当时世界上摇车窗最快的狗。——译者注

蜜熊

这些关节异常灵活的杂技演员有甜食癖，同时还遭遇着身份危机：它们有时会被称作"蜂蜜熊"，因为它们会打劫蜂巢；又因为长着一张猴子的脸，它们还会被误认作灵长类动物。实际上，它们是浣熊的一种，有条神奇的尾巴帮助它们做出各种空中动作。

壁虎

壁虎会玩一种非常巧妙的派对把戏 —— 虽说有点儿怪异：有些种类的壁虎，在被捕食者抓住时，会自断尾巴。在脱离壁虎的身体后，那条断尾还能活蹦乱跳30分钟，有时甚至能跳起30厘米高。

小熊猫

可爱的脸蛋儿后面是一颗爱冒险的心。它们是攀爬天才，也是游泳健将，还是技术高超的逃脱艺术家。人们发现，全世界的小熊猫都时常从动物园逃脱——甚至都没用上秘密隧道或者摩托车特技。

犰狳

犰狳看上去像是戴着自行车头盔的老鼠。它们的铠甲下隐藏着一个出人意料的技能 —— 自带救生衣。

犰狳需要下水游泳时，腹部会充气膨胀，一直胀到平时的两倍大，为它们提供恰到好处的浮力。

鹦鹉

这些模仿大师很会吸引人们的注意。一只名叫"雪球"的葵花凤头鹦鹉就曾在互联网上引起轰动：它不仅会跳舞，还会为自己编一套舞步——这套让人眼花缭乱的表演，包含了十四个动作！[1]

---

1 2007 年，一只名叫"雪球"的鹦鹉能伴着后街男孩的歌曲 Everybody 起舞，其视频一度走红网络——译者注

袋熊

它们看上去像一个小小的、毛茸茸的圆筒，然而，圆筒袋熊可不是好欺负的。当澳洲野狗妄图袭击它们时，它们会用身体堵住地洞的入口，只把屁股露在外面。它们身体后部的皮肤又厚又硬，小小的尾巴也很难被抓住。

海狮

海狮都有着极佳的嗅觉、听觉和水下视觉。一只名叫"罗南"的加利福尼亚海狮还有着出色的节奏感。人们

发现，它时常随着音乐的韵律点头，就像婚礼舞会上的"老爹"一样。

座头鲸

座头鲸衷心病狂地喜欢卖弄。雄性座头鲸会演唱复杂的歌曲来吸引配偶，每首歌最长可以持续 30 分钟，听起来仿佛是史上最糟的夜场演出。不过鉴于座头鲸宝宝的存在，我们只能假设这歌声不像听起来那么糟糕。

水豚

请想象这样一个形象：一只体型庞大、半水生的几内亚"猪"。这和水豚的形象已经八九不离十了。水豚的做派非常务实而严肃——这非常必要，因为它是南美洲大部分大型捕食者菜单上的一道菜。当新的一天开始时，它们甚至会来上一份营养丰富的便便——它们自己的便便。

树袋熊

永远不要低估一只树袋熊（也就是考拉）。它们远比你认为的要聪明。确实，它们大部分时间都在睡觉，而且它们的动作也非——常一的——慢。但当布里斯班的人们为了保障它们的熊身安全，为它们修建了用来穿越公路的安全通道后，树袋熊们只花了几天时间就找到了诀窍，成了过马路的行家里手。

变色龙

变色龙走路的时候，身体会前后摆动，好像赛跑运动员在准备起跑一样。这种奇异的摆动姿势或许能让它们看起来像是一片在微风中摇曳的树叶。这样它们就可以更好地与环境融为一体，也可能它们只是在随着只有自己能听到的旋律起舞罢了。

老虎

狮子会咆哮,狼会嚎叫,而老虎则会说……"嗷呜"。它们更出名的身份也许是丛林猎手,或是甜味早餐麦片的形象代言人[1],但同时还是模仿

---
1 指家乐氏牌早餐麦片的著名吉祥物"老虎托尼" ——译者注

高手。它们能够利用这项技能，把自己的狡猾发挥到极致。老虎会模仿水鹿的叫声，把猎物从树林中引到开阔地上，然后再发起袭击。

蝙蝠

蝙蝠是敏捷的飞行家，但你没办法叫它们到地面上来。它们腿部的骨骼十分纤细，甚至无法走路，要想飞行，也得从高处突然落下才能起飞。蝙蝠就连在生息时都是倒挂着的，幸好它们很擅长接住孩子。

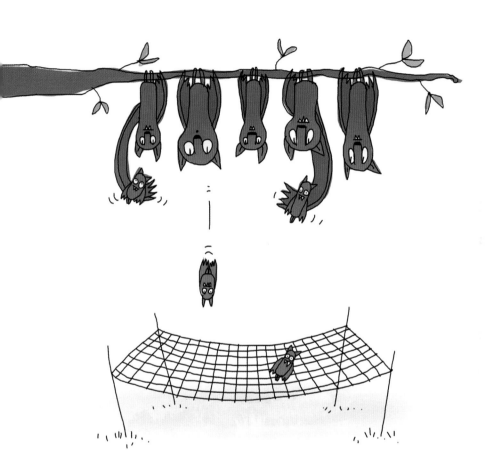

章鱼

这些奇才很擅长解决问题，它们能同时完成多个任务，有不少让人印象深刻的表现。它们的每条腕（可别管它们叫"触手"）都能独立工作。想象一下吧，你可以一边打字，一边织毛衣，一边看书，一边在书包里翻家门钥匙——这几项动作都是同时进行的。

科莫多巨蜥

科莫多巨蜥是可怕的猎手，在它们面前，
鳄鱼都显得有点儿业余。科莫多巨蜥
会耐心等待随便哪只哺乳动物
经过，然后用强有力且有毒的大嘴
袭击猎物。如果受害者跑了，它们
还能用石头来"尝"出空气中的味道，
继续追踪猎物数公里 —— 太吓人了。

球蟒

这只羞涩且无毒的蛇，可以把自己
蜷成一个球，只把鼻子探出来。
它们蜷起来之后能像篮球
（浑身闪闪发亮，长着三十五颗
尖利牙齿的篮球）一样四处
滚动。

大猩猩

它们看上去就像是动物界的橄榄球前锋。别被它们长满体毛的大块头骗了，说实在的，这些家伙聪明得很。

它们会先用木棍测量水的深度再采集食物。它们甚至会把竹子当梯子让自己的幼崽用。

松鼠

这些有着毛茸茸尾巴的啮齿类小家伙总是健步如飞，看起来勤劳能干，但有些时候，它们只是煞费苦心地确保没人接近它们的坚果：如果松鼠察觉自己被盯上了，就会假装把一个坚果埋起来，实际上则会偷偷把一个坚果带到一个新的秘密地点。

扳机鱼

扳机鱼看上去就像化着又浓又吓人的妆，但它可不是小脸漂亮这么简单：它们可以喷射水炮，把满是尖刺的海胆掀翻，这样扳机鱼就可以吃到海胆柔软而脆弱的部分了。

蝠鲼

这些海底飞毯都是非常厉害的水上杂技演员，而且远比看上去要聪明得多。一只被起名叫作"斑点"的蝠鲼曾非常出名。"斑点"曾打信号叫住几位友好的潜水员，让他们帮它取下自己身上的几枚鱼钩。在潜水员为它取下鱼钩时，"斑点"一直在耐心地等待着。

黑猩猩

这些类人猿相当聪明，而且它们想让人知道这一点。一只名叫"孔戈"的黑猩猩学会了画画，并且以"抒情而抽象的印象派风格"闻名。据说毕加索是它的粉丝。

鸭嘴兽

它长着鸭子一样的喙，水獭一样的毛皮、大而有蹼的脚，雄性脚踝后方还有个可以释放毒液的尖刺。因为没有牙齿，它们会在石头上把食物磨碎。这个奇怪的生物是不是叫……海狸 缝合兽？不是啦，它是鸭嘴兽。

老鼠

人们常说老鼠们是"调皮鬼"，这不是没有理由的。老鼠们是群居动物，记忆力惊人，还很喜欢玩捉迷藏。它们有时会扮演躲藏者，有时又会转换角色成为搜寻者 —— 当你听到老鼠们有谁欢快地"吱吱"叫了，那就是它赢了。

大象

大象因好记性[1]和大耳朵闻名,因此,它们有着超乎寻常的听力似乎也不足为奇。令人惊讶的是,大象可以用自己的脚来"听"——它们可以感知脚下传来的振动,这些振动会沿着象足,经过身体,一路传到大象的中耳。

1　传说大象会记仇，美国流传着一句谚语:"大象永远不会忘记"
（An elephant never forgets）——译者注

鳄鱼

就在你认为这些阴险的"恐龙"已经让人紧张不安到极点时,人们发现,鳄鱼还会伏击那些粗心大意的鸟儿。鳄鱼会顶起一堆小树枝,看上去就像一个鸟窝,然后静止不动几个小时,随时准备猛咬一口。

巴布亚企鹅

全南极洲最可爱的夫妇就出在这群小家伙中。雄性巴布亚企鹅在向配偶求爱时，会送出自己能找到的最闪亮的一块鹅卵石。它们还会发出喇叭似的鸣叫，这显然很有吸引力——如果你是一位雄性巴布亚企鹅的话。

袋鼠

雄性袋鼠的肌肉异常发达，一跳最远可以跳出约 7.6 米；它们还会互相击打，比比谁才是最强壮的。人们还发现，雄性袋鼠会屈伸上肢来吸引雌性 —— 目前还不知道雌性袋鼠会不会对雄性袋鼠的这种行为翻白眼。

亚马逊河豚

这种来自亚马逊河流域的淡水河豚，说实话，其实不是最有吸引力的水生哺乳动物。不过这不要紧，因为它们正"嗨"着呢。是的，你没有听错，它们似乎会有意搜寻河豚——为了能体验一下有致幻作用的强力毒素。

狼

要说有哪种动物需要换个公关代理，那一定是狼了。狼大概因为能发出让人毛骨悚然的狼嚎而闻名，但实际上，它们比人们印象中敏感不少——狼其实擅长交流，而且能做出非常丰富的面部表情。它们的本事可不是什么"深吸一口气，然后吹倒小猪的房子"[1]。

---

1 童话《三只小猪》中的情节——译者注

火 烈 鸟

在浅水湖畔,这些衣着华贵的鸟类总是一副帝王般的姿态。但这种形象只能维持到吃饭之前 —— 吃饭

的时候，它们会把脑袋扎进水里，左右摇晃，接着用力把水从喙中喷出来，以过滤食物——真是不同凡响。

骆驼

一直以来骆驼都是以驼峰吸引人们的注意，但其实，它们的鼻孔也能给人们留下深刻印象。利用鼻孔的构造，骆驼可以留住水蒸气，如果沙漠中的风沙太大，它们的鼻孔还可以关闭。这些和蔼的有蹄类动物，会三十头左右凑在一起，成群结队地闲逛。它们打招呼的方式是用鼻子往对方脸上喷气。

河狸

河狸简直是动物界的手工达人。没有其他动物能像这些勤劳的小家伙一样擅长改变自己的生活环境——不算人类的话。河狸在修建自己的小屋时，会留一道直通水底的秘密后门，这样来去更加方便，还能让那些不愿意沾湿身子的捕食者打消吃掉自己的念头。

狐狸

狐狸似乎比我们想象中的更加狡猾。狐狸拥有某种感知磁场的内置"罗盘",这意味着它们的视网膜或许可以看到一圈阴影,越靠近地磁北方,阴影越暗,让它们能更准确地判断与猎物的距离。狐狸的好消息,兔兔的坏消息。

貘（配图为"马来貘"）

可怜的貘被动物王国的其他成员严重地蔑视了。和貘亲缘关系最近的动物是马和犀牛，但貘看上去却更像猪，长着树枝一样又短又粗的鼻子。不过在自然界，只看你有什么本领——貘在受到威胁时可以躲在水下，用它那怪异的鼻子当通气管。

蜂鸟

蜂鸟是唯一一种可以倒退着飞行的鸟。它们十分勤劳，而且有着出色的记忆力。然而，它们也有做不到的事情，特别是当不成一个好邻居。它们很乐意从附近的鸟巢偷取筑巢材料，也从来不互相代收网购快递。

狮子

狮子很喜欢挠树，因为狮子的
脚趾之间隐藏着一个气味腺
（又指腺），它们会通过这种行为
标记领地 —— 这可能是解
释狮子挠树行为最不吓人的
理由了。狮子在挠树的时候，
也是在清洁、打磨自己的利爪。

穴 小 鸮

为了能过上更加与世无争、自给自足的生活，这些猫头鹰会有意避免在树木或建筑物上筑巢。它们会挖掘洞穴（或者使用其他动物废弃的洞穴）。在产卵之前，它们会大方地把便便撒在巢穴入口周围，确保自己的花园就能为自己提供螳螂或其他昆虫。

狼獾

狼獾因其利爪和狩猎技巧闻名，而且它还是X战警中最出名的那个。[1]捕猎时，它们会躲在岩石后面，然后猛扑上去。凭借这种方法，这些可怕的小野兽能够打倒比它们体型还大的猎物。虽然名字非常帅气，但狼獾既不是狼，也不是熊，而是一种大型的鼬科动物——这样说来，它们好像也不怎么吓人了。

---

1 X战警中"金刚狼"的英文即是"Wolverine"（狼獾）——译者注

锯鳐

这种鼻子上插了一把大号切面包刀的鱼，看起来似乎有点儿笨拙。实际上，这种鳐鱼比人们想象中的要灵敏得多。除了能阻挡鲨鱼的袭击、给法棍切片，它们的长吻上还生有电感受器，可以探测到螃蟹和虾等猎物的微弱心跳，这些都是锯鳐最喜欢的零食。

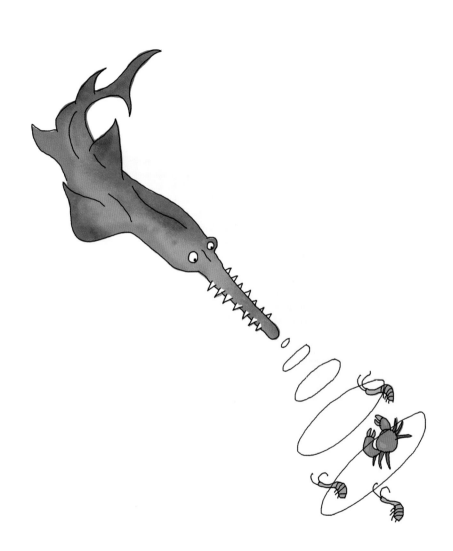

北极熊

谁都需要时不时地给自己放天假，似乎就连那些无情的捕食者也不例外。有时候，这些北极的坏小子们不会去狩猎海豹，而是改玩滑雪。人们发现，北极熊们会聚在一起，在结冰的斜坡上滑来滑去，再来享受一场轻松愉快的摔跤比赛。

独角鲸

雄性独角鲸拥有一根很值得骄傲的长长的獠牙（原来是牙！），这看上去很不方便，还十分尖锐，非常危险。然而，这个突起并不是武器，它的多孔结构布满神经，能帮独角鲸获取有用的海洋情报：水温、水压，以及海水运动等。

绿尾地鸫

这些来自澳洲东部的小家伙不爱出风头，但这并不意味着它们不屑于使用技巧来捕猎蚯蚓，而它们的技巧包括……对着猎物放屁。绿尾地鸫会对着落叶释放气体，这气体会让蚯蚓觉得厌恶和恶心——蚯蚓被迫移动，暴露了自己的位置。

马来熊

马来熊又称太阳熊，它们自身的"商标"一直存在争议。和名字恰恰相反，它们只有在夜间才出来活动（"太阳熊"这个名字，实际上是指它们下巴下方的毛皮上，长着非常华丽的金色花纹）。白天睡觉可不是个简单的事情，它们会聪明地在树枝稀少的树上搭建一个适合自己的小窝。

鬃狮蜥

这些迷你恐龙想要让自己看起来更吓人一点儿时，会撑开它们长满尖刺的颈部皮肤 —— 它们也因此得名。人们发现，它们遇到相

识的同类会缓缓挥手——也许
是想表达友好，看上去却有点儿
居高临下的样子。

虎鲸

做一只水生哺乳动物是一件很有挑战性的事。呼吸对我们来说也许很简单，但对虎鲸来说却不是。实际上，它们需要决定什么时候呼吸。如果忘了这件事然后睡着了，就会溺水而亡。因此，每次睡觉时，虎鲸只有一侧大脑进入梦乡。

迷彩箭毒蛙

这些热带青蛙会惰着自己的蝌蚪，把它们放在树上一个灌满水的小坑里。它们会在脑子里形成一张复杂的地图，好让自己从雨林成千上万棵树中记住正确的那个。下次再找不到钥匙，就想想这些小家伙吧。

缅甸金丝猴

这些猴子中的稀有品种,在下雨天的大部分时间里都在坐着,同时用腿夹住自己的头。不过别担心,它们不是伤心了,只是在野外时,它们向上翻着的鼻孔会进水,这会让缅甸金丝猴们打喷嚏。"一百岁!"

山羊

这群总是在大嚼食物的跳跃高手和狗一样聪明,还喜欢交际。山羊能和自己的人类伙伴建立关系,能学会在被呼唤的时候赶过去。山羊们互相之间也关系融洽,它们甚至能学会羊群中其他羊的口音。

橡树啄木鸟

这些囤积狂完全被坚果迷住了。它们会在树上、篱笆桩上、电线杆上，甚至房子上凿洞，然后把橡子塞进这些洞里。一群啄木鸟可以把上千颗橡子存储在一棵树里，这棵树被称作"粮仓树"，啄木鸟们就靠着吃这棵树里的橡子过冬了——前提是恼人的松鼠不会发现这里。

树懒

每个人都在说树懒有多懒、树懒
有多慢——树懒表示它们听够了。
确实，它们一天或许要睡上十个
小时，爬上一棵树也要花上很
长时间，但树懒也想让大家知
道，它们其实都是游泳高手——
自由泳，既然你都问了。

乌鸦

乌鸦很聪明、擅长交际，而且有双"巧手"——它们曾被人类见识过使用工具。永远不要和乌鸦作对——不仅仅是因为它们在西方文化中象征着死亡和噩兆，还因为它们可以记住人的面孔，乌鸦们可不会忘记你对那个喂食器做了什么……

马

如果马愿意的话,它们可以站着睡觉
—— 睡觉时它们会定住自己的腿,防
止摔倒。它们还很善解人意,可以读懂
我们的面部表情,甚至能记住人的情绪状
态,然后据此调整自己的行为。重要的
是,它们还很乐意迁就人。